CÁLCULO TENSORIAL BÁSICO Y RELATIVIDAD GENERAL

Este es un sistema de ecuaciones típico que permite hacer una transformación de coordenadas de un sistema a otro, cuya obtención y significado consideraremos más abajo

$$dh = \frac{\partial h}{\partial x} dx + \frac{\partial h}{\partial y} dy + \frac{\partial h}{\partial z} dz$$

$$du = \frac{\partial u}{\partial x} dx + \frac{\partial u}{\partial y} dy + \frac{\partial u}{\partial z} dz$$

$$dv = \frac{\partial v}{\partial x} dx + \frac{\partial v}{\partial y} dy + \frac{\partial v}{\partial z} dz$$

En Geometría diferencial, cálculo tensorial y otras ramas de las matemáticas hay que utilizar sistemas de ecuaciones semejantes y en muchas ocasiones otros mucho más grandes.

Debido a eso, se han desarrollado maneras de representar tales sistemas de una forma abreviada, que podrá de nuevo ser desarrollada al final, cuando hay que hacer cálculos numéricos.

En el cálculo tensorial, un sistema semejante al de arriba se representa por una ecuación de este tipo:

$$dx'_\sigma = \sum_\nu \frac{\partial x'_\sigma}{\partial x_\nu} dx_\nu$$

Otras ecuaciones típicas del cálculo tensorial son estas:

Transformación de un tensor al pasar a otro sistema de coordenadas:

$$A'^\sigma = \sum_\nu \frac{\partial x'_\sigma}{\partial x_\nu} A^\nu$$

Tensor métrico fundamental:

$$ds^2 = \sum g_{ik} \, dx^i dx^k$$

Derivada covariante:

$$DA^i = \left(\frac{\partial A^i}{\partial x^l} + \Gamma^i_{kl} A^k \right) dx^l$$

Símbolos de Christofell:

$$\Gamma_{i,kl} = \frac{1}{2} \left(\frac{\partial g_{ik}}{\partial x^l} + \frac{\partial g_{li}}{\partial x^k} - \frac{\partial g_{kl}}{\partial x^i} \right)$$

$$\Gamma^i_{kl} = \frac{1}{2} g^{im} \left(\frac{\partial g_{mk}}{\partial x^l} + \frac{\partial g_{ml}}{\partial x^k} - \frac{\partial g_{kl}}{\partial x^m} \right)$$

Ecuación de las líneas geodésicas:

$$\frac{d^2x^i}{ds^2} + \Gamma^i_{kl} \frac{dx^k}{ds} \frac{dx^l}{ds} = 0$$

Determinante Jacobiano:

$$\begin{vmatrix} \dfrac{\partial h}{\partial x} & \dfrac{\partial h}{\partial y} & \dfrac{\partial h}{\partial z} \\ \dfrac{\partial u}{\partial x} & \dfrac{\partial u}{\partial y} & \dfrac{\partial u}{\partial z} \\ \dfrac{\partial v}{\partial x} & \dfrac{\partial v}{\partial y} & \dfrac{\partial v}{\partial z} \end{vmatrix}$$

Grupo de fórmulas para entender por qué los "tensores" tienen el mismo valor en todos los sistemas de coordenadas:

$$\sum_{v} A_v B^v = invariante$$

$$B^v = \sum_{v} \frac{\partial x'_\sigma}{\partial x_v} B_v$$

$$A_v = \sum_{v} \frac{\partial x_v}{\partial x'_\sigma} A^v$$

$$\sum_{\nu} A_{\nu} B^{\nu} = \sum_{\nu} \left(\frac{\partial x_{\nu}}{\partial x'_{\sigma}} \frac{\partial x'_{\sigma}}{\partial x_{\nu}} \ A^{\nu} B_{\nu} \right) = \sum_{\nu} A^{\nu} B_{\nu}$$

En las explicaciones que siguen se explica con más detalle el significado de todas estas fórmulas, por qué es necesario utilizarlas en las ciencias físicas, especialmente en la Relatividad.

El cálculo tensorial se utiliza también en otras ramas de la física, como la Teoría de la Elasticidad, con aplicaciones importantes en ingeniería, así como también en matemáticas, especialmente en Geometría diferencial y en el estudio de las Geometrías no euclídeas.

Aquí nos concentraremos en su aplicación a la teoría de la Relatividad.

La consideración del cálculo tensorial se ha concentrado exclusivamente en sus conceptos más fundamentales, sin entrar en detalles de cálculos complicados, de modo que su lectura sea fácil y entendible, y aun así proporcione un entendimiento general de la materia, asequible y útil.

En la parte final se incluye una consideración de los hallazgos que llevaron al descubrimiento de la Relatividad, escrita con la intención de que proporcione un entendimiento de una teoría tan importante para la comprensión de las leyes del Universo, a nivel conceptual.

TRANSFORMACIÓN DE COORDENADAS: Cómo pasar de un sistema de coordenadas a otros .

Supongamos que aplicamos una fuerza de un valor determinado sobre algún objeto masivo con el fin de cambiar su estado de movimiento; por ejemplo podemos necesitar mover un objeto que está en reposo para trasladarlo a otro lugar; el resultado que consigamos al aplicarla no dependerá solo del valor absoluto de la fuerza, sino también de la dirección y sentido en que la apliquemos.

Si queremos colocar el objeto a la derecha de su posición actual, deberemos aplicar la fuerza ("empujar", por decirlo así), en la dirección "izquierda-derecha", y empujando hacia el lado derecho (en sentido derecho). Si en vez de eso nos colocásemos a la derecha del objeto, y aplicásemos la misma cantidad hacia el otro sentido, el izquierdo, no conseguiríamos el mismo efecto, sino el efecto contrario.

En muchas situaciones físicas intervienen varias fuerzas al mismo tiempo, y en muchos casos no solo difieren en magnitud o valor absoluto, sino también en las direcciones y sentidos en que se aplican, de modo que para calcular el efecto combinado de todas ellas, es necesario tener en cuenta todo eso.

Esto ha llevado al desarrollo del "cálculo vectorial". Un "vector" (de la palabra latina "vehere: transportar") o "magnitud vectorial", como por ejemplo una "fuerza", queda completamente especificada por un conjunto de valores numéricos, que determinan tanto su magnitud (o valor absoluto), como también la dirección y sentido en el que actúan en una situación física determinada.

Se pueden representar gráficamente por una línea o segmento orientado; una forma de hacerlo es utilizar un "sistema de coordenadas". Hay diferentes clases de sistemas de coordenadas. Por ejemplo podemos usar "coordenadas cartesianas". Un sistema de coordenadas cartesianas consiste, en el caso generalmente más básico, en tres líneas rectas, perpendiculares entre sí, y unidas las tres en un punto al que se llama "origen" del sistema de coordenadas. Una de las líneas está en la dirección "izquierda-derecha", la otra en la dirección "adelante-atrás", y la tercera en la dirección "arriba-abajo", abarcando así todas las "posiciones posibles" en el "espacio tridimensional" (o "variedad tridimensional"). La "magnitud vectorial" o "vector" se representa entonces por medio de una línea recta cuyo extremo inicial se sitúa en el "origen" del sistema de coordenadas, y desde ese punto llega a cualquier otro punto posible del "espacio tridimensional", ya que todos están comprendidos en el "volumen" abarcado por el sistema de tres líneas o ejes perpendiculares entre sí que hemos definido. La "longitud" del "vector" representa su "valor absoluto". Por ejemplo, si el vector representa una "fuerza", su longitud, mayor o menor, sirve para especificar la "cantidad de fuerza", y, como en la representación gráfica la línea que representa la "magnitud vectorial", parte desde el origen con una dirección y sentido específicos, que sitúan el extremo final del "vector" a determinadas distancias de cada eje del sistema de coordenadas, tres números diferentes para cada "punto" del "espacio", tanto la longitud como posición (dirección y sentido) del vector, quedan plenamente especificados, conociendo los valores numéricos de las tres distancias respectivas de su extremo final a cada uno de los tres ejes. Esas tres cantidades se llaman "componentes del vector" en ese sistema de coordenadas.

Pero, como dijimos antes, se pueden usar otros sistemas de coordenadas, a veces porque es conveniente, y a veces porque es necesario, dependiendo del proceso físico que estemos estudiando.

Si, por ejemplo, necesitamos calcular la fuerza gravitatoria en un punto del entorno de una masa esférica que la origina, puede ser más conveniente utilizar "coordenadas esféricas" en vez de "coordenadas cartesianas". En coordenadas esféricas el "vector" se especifica por medio de tres valores numéricos también, pero en este caso se trata de una "distancia" y dos ángulos: la "distancia" es la distancia directa desde el origen del "sistema de coordenadas esférico" hasta el extremo final del vector (es decir, el "radio"), y los dos ángulos son el número de grados que dicho extremo final "está girado" en las direcciones arriba-abajo y derecha-izquierda, respectivamente.

En otros casos se pueden utilizar coordenadas curvilíneas de todo tipo. Volvamos al ejemplo inicial del uso de coordenadas cartesianas para definir una magnitud vectorial, como una fuerza. Imaginemos que desde el origen, junto a los tres ejes rectos y perpendiculares entre sí, trazamos tres líneas curvas; el extremo inicial del vector también queda situado en el origen de este nuevo sistema de coordenadas, de modo que podemos medir las distancias desde su extremo final a cada una de las tres líneas curvas; esas distancias serán las "componentes del vector" en el nuevo sistema, y como es fácil comprender, tendrán valores distintos a sus "componentes cartesianas". Sin embargo el valor del vector debería seguir siendo el mismo, puesto que representa una magnitud física, como una "fuerza", según el ejemplo anterior.

De modo que hace falta utilizar procedimientos matemáticos que permitan cambiar de un sistema de coordenadas a otro cualquiera, es decir, disponer de las fórmulas adecuadas con las que calcular como se transforman las coordenadas (o componentes) cuando se pasa de un sistema a otro.

Esto ya es necesario en la física clásica de Newton, y las fórmulas de transformación que se utilizan son las "transformaciones de Galileo"; permiten transformar las coordenadas al pasar de un sistema de referencia a otro que se encuentra en movimiento rectilíneo uniforme respecto al primero. Un observador que experimente y mida magnitudes físicas en el sistema en que se encuentra, podrá usar esas transformaciones para obtener los valores obtenidos por un observador en otro sistema que haya hecho los mismos experimentos, y las "leyes de la naturaleza", (siendo las del "movimiento" las que generalmente se consideran las más fundamentales), tendrán la misma forma en los dos sistemas, y en todos los sistemas en los que se cumpla la "ley de inercia" (sistemas inerciales).

Con el descubrimiento de la Relatividad especial se hizo necesario utilizar otro tipo de transformación de coordenadas; en lugar de las "transformaciones de Galileo", en "Relatividad especial" se usan las "transformaciones de Lorentz", que dejan invariante el valor de la velocidad de la luz; todos los observadores en diferentes sistemas, en movimiento rectilíneo uniforme unos respecto a otros, hallarán el mismo valor para la velocidad de la luz, pues es una constante universal, aunque pueden obtener diferentes valores en las medidas de longitudes e intervalos temporales.

La Relatividad General, de la que la Relatividad especial es un caso particular, (o un "caso límite"), se aplica a todos los sistemas de referencia, incluyendo sistemas con aceleraciones de cualquier tipo (sistemas no inerciales), de modo que no se limita a los sistemas inerciales. Como es fácil comprender, esto hace necesario usar métodos matemáticos de transformación de coordenadas, diferentes y más generales que los que se utilizan en física clásica y en Relatividad especial.

Pero mucho antes de que Einstein descubriera y desarrollara la Relatividad General, físicos y matemáticos ya habían comprendido que las "leyes de la naturaleza" deberían, por lógica, ser algo universal, y no algo dependiente de los sistemas de coordenadas que se utilizasen al estudiarlas; después de todo, si fuese así, ¿qué sentido tendría llamarlas "leyes de la naturaleza" (de validez universal), si cambiasen con un simple cambio de "sistema de coordenadas"?.

Por tanto habían desarrollado ya métodos matemáticos muy generales de transformaciones de coordenadas que tuviesen en cuenta este hecho, aplicables en física y en geometría, el llamado "cálculo diferencial absoluto".

Imaginemos un sistema de coordenadas cartesianas, pero eliminando un eje de los tres que hemos mencionado antes; se trata simplemente de dos líneas rectas, perpendiculares entre sí, y unidas por uno de los extremos de cada una, compartiendo así un único "punto", el "origen" del sistema de coordenadas, que en este caso es "bidimensional", pues consta solo de dos ejes, en lugar del "tridimensional" mencionado antes, y puede ser representado gráficamente sobre un plano.

Si en ese gráfico dibujamos un "vector", una línea recta que va desde el origen hasta cualquier punto del plano en el que se encuentran los dos ejes, hay una fórmula sencilla para calcular su longitud, que representa el "valor absoluto" de la magnitud física con la que identifiquemos a dicho vector, pues si dibujamos desde el extremo del vector dos líneas rectas, una hasta cada eje del sistema de coordenadas, perpendiculares entre sí, cada una de ellas será paralela a uno de los dos ejes, cada línea será la "distancia" del extremo final del vector a cada uno de los dos ejes, es decir, sus "componentes cartesianas", y dichas "componentes" formarán con el vector un triángulo rectángulo en el que el vector será la "hipotenusa", y las componentes serán los "catetos". Podremos pues calcular la longitud del vector a partir de los valores de las componentes, simplemente usando el teorema de

Pitágoras: el cuadrado de la longitud del vector será igual a la suma de los cuadrados de sus componentes, y el teorema se cumple también en tres dimensiones, de modo que en un sistema de coordenadas tridimensional, con tres ejes, podremos hacer el cálculo simplemente sumando también el cuadrado de la tercera componente.

Al utilizar el cálculo infinitesimal, tal como se necesita hacer en ciencia, el valor de una "magnitud vectorial" se podrá también calcular del mismo modo, llevando el teorema de Pitágoras al nivel infinitesimal.

En ese caso lo escribiremos así:

$$ds^2 = dx^2 + dy^2 + dz^2$$

"ds" es el equivalente infinitesimal de la "longitud" del vector (se le suele llamar: "elemento de línea"), y "dx, dy, dz" son las tres coordenadas o componentes del vector, expresadas en forma diferencial.

De esta manera podremos hacer operaciones con magnitudes vectoriales utilizando los métodos del cálculo infinitesimal.

Cómo queremos aplicar estos procedimientos matemáticos a la Relatividad, y en ella espacio y tiempo están íntimamente ligados de una forma particular, tenemos que considerar transformaciones de cuatro coordenadas relacionadas entre sí, siendo el "tiempo" una de ellas, y las otras tres las coordenadas espaciales, formando juntas un "objeto matemático" llamado "tetravector" o "cuadrivector", el equivalente a un vector, pero en el "espacio (o variedad) de cuatro dimensiones" de la Relatividad.

Para hallar las fórmulas de transformación de un sistema de coordenadas cualquiera a otro, que sean de la mayor generalidad posible, es decir que permitan hacer transformaciones de unos sistemas a otros, sean cuales sean los tipos de coordenadas de los sistemas implicados (coordenadas cartesianas, esféricas, cilíndricas, o curvilíneas en general, de cualquier forma arbitraria), lo que se necesita es conocer cuánto ha variado el valor de *__cada componente__* en el nuevo sistema *__con relación a cada uno de los ejes__* del otro sistema.

Expresándolo directamente, para que se comprenda bien la idea clave, pensemos en dos sistemas de coordenadas de tres ejes, que comparten el mismo "origen" (ese es el único "punto" que tienen en común), e identifiquemos a cada uno de ellos por medio de una letra distinta; podemos llamar a los ejes del primer sistema "x", "y" y "z", y a los del segundo "h", "u" y "v", por ejemplo.

Como estamos usando cálculo infinitesimal, las variaciones que buscamos son las "tasas de cambio" infinitesimales, que, como sabemos, son las "derivadas" de unas magnitudes respecto a otras, con las que guardan una determinada relación funcional.

De modo que, en el ejemplo que estamos considerando, el valor de "h" se diferenciará del valor de "x" en una cantidad determinada, y se diferenciará del valor de "y" en otra cantidad *__distinta__*, y del valor de "z" en otra cantidad *__también distinta__* de las otras dos.

Podemos, por tanto, considerar a "h" como una función de las tres "variables": "x", "y", "z". (hemos llamado "variables" a "x", "y", y "z", porque queremos representar con ellas a todo sistema de coordenadas tridimensional posible, pues estamos buscando una regla general de transformación de coordenadas, y en cada sistema tendrán un valor distinto).

La derivada de una función de más de una variable se calcula derivando por separado la función con respecto a cada una de las variables, y luego sumando las "derivadas parciales" obtenidas.

La razón es la misma que cuando hallamos la derivada de una suma de funciones distintas de la misma variable: la derivada total de la función es la suma de todas las derivadas, pues cada función en la suma hace su "aportación" (en general diferente a las otras) a la "variación total" de la función.

Para distinguir las "derivadas parciales" de la derivada normal de una función de una sola variable, en lugar de utilizar la "d" latina en la expresión de las diferenciales, se utiliza la letra del alfabeto griego "∂", *delta minúscula*.

De modo que la derivada (o tasa total de variación) de "h" con respecto a la función de tres variables $f(x, y, z)$, la escribiremos así:

$$dh = \frac{\partial h}{\partial x} dx + \frac{\partial h}{\partial y} dy + \frac{\partial h}{\partial z} dz$$

A continuación tendremos que hacer lo mismo para hallar las variaciones de las otras dos coordenadas o componentes: "u" y "v", de modo que la transformación de coordenadas de un sistema a otro se realiza utilizando el sistema de ecuaciones:

$$dh = \frac{\partial h}{\partial x} dx + \frac{\partial h}{\partial y} dy + \frac{\partial h}{\partial z} dz$$

$$du = \frac{\partial u}{\partial x} dx + \frac{\partial u}{\partial y} dy + \frac{\partial u}{\partial z} dz$$

$$dv = \frac{\partial v}{\partial x} dx + \frac{\partial v}{\partial y} dy + \frac{\partial v}{\partial z} dz$$

En este ejemplo hemos usado sistemas de tres coordenadas, que seguramente nos hacen pensar en las coordenadas de posición en el espacio tridimensional con el que estamos familiarizados.

En este "espacio" o "variedad tridimensional", la posición de un objeto con relación a un sistema de coordenadas o el valor de una magnitud vectorial, tienen, como hemos visto, tres componentes.

Pero en física hay que hacer operaciones con dos o más de tales magnitudes, y eso puede dar lugar a obtener otras magnitudes, que pueden tener más de tres componentes (o en algunos casos menos, como veremos).

Por ejemplo, definimos el trabajo realizado para mover un objeto, como el producto de la fuerza empleada por el espacio que lo hemos desplazado:

TRABAJO = FUERZA X ESPACIO

Pero las dos magnitudes que multiplicamos son realmente magnitudes vectoriales, como ya hemos visto: el "vector fuerza" y el "vector de posición", y además hay que escribir las fórmulas en el lenguaje del cálculo infinitesimal; la expresión correcta en este caso es:

$$W = \int_a^b \mathbf{F} \ \, d\,\mathbf{e}$$

El "trabajo" es la integral de la fuerza con respecto al espacio, y su valor corresponde también a la "energía" que hemos empleado para realizarlo. Lo expresamos como una integral definida, para indicar que hemos movido el objeto desde el punto "a" hasta el "b". La "F" y la "e" (Fuerza y espacio) se escriben en "negrita" para indicar que son magnitudes vectoriales, de modo que cada una de ellas es la "suma vectorial" de tres componentes, y al multiplicar dos vectores, cada componente de uno hay que multiplicarla por cada componente del otro, y sumar todos los productos; eso da lugar a nueve términos en la suma.

En este caso la suma resultante es una magnitud escalar: el valor del trabajo realizado, o, de manera equivalente, el de la energía empleada, y la suma resulta ser un solo número.

Esto es así porque en el cálculo vectorial, los requisitos de la física dan lugar a dos tipos de producto, el "producto escalar" (o "producto punto"), y el "producto vectorial" (o "producto cruz").

El producto escalar se define de manera que, aunque se multipliquen vectores, el resultado final es una magnitud escalar, debido a que eso es lo que ocurre en la física real, como hemos visto en el caso del cálculo del "trabajo" (o la "energía").

Según la definición del producto escalar, los dos vectores se multiplican también por el coseno del ángulo que forman entre ellos; a su vez las componentes de los vectores se expresan cada una como el producto de un número (un escalar), por cada uno de los llamados "vectores unitarios": **i, j, k.**

Tales vectores unitarios son perpendiculares entre sí, de modo que el ángulo que cada uno forma con los otros dos es de 90°; como consecuencia de esto, y ya que en el producto escalar hay que multiplicar los vectores entre sí, y además por el coseno del ángulo entre ellos, resulta que:

$$\mathbf{i} \cdot \mathbf{i} = 1 \ ; \quad \mathbf{j} \cdot \mathbf{j} = 1 \ ; \quad \mathbf{k} \cdot \mathbf{k} = 1$$

$$\mathbf{i} \cdot \mathbf{j} = 0 \ ; \quad \mathbf{i} \cdot \mathbf{k} = 0 \ ; \quad \mathbf{j} \cdot \mathbf{k} = 0$$

(puesto que "coseno 0° = 1", y "coseno 90° = 0").

De modo que al multiplicar, de manera escalar, dos vectores, expresando el producto así:

$$(A\,\mathbf{i} + B\,\mathbf{j} + C\,\mathbf{k}) \cdot (D\,\mathbf{i} + F\,\mathbf{j} + G\,\mathbf{k})$$

todos los términos de la suma resultante van multiplicados por 0 o por 1, así que los "vectores unitarios" (**i** , **j** , **k**) "desaparecen", y al final solo queda una suma de números que da como resultado una cantidad escalar.

También se dan situaciones en física en las que la interacción de dos magnitudes vectoriales no da como resultado un escalar, por lo que se hace necesario definir otro tipo de "producto" entre vectores: el "producto vectorial"

Por ejemplo, los campos eléctricos y los campos magnéticos son magnitudes vectoriales; si un cuerpo con carga eléctrica se mueve genera en torno suyo un campo magnético; el producto vectorial se define de forma que pueda representar matemáticamente situaciones físicas como esa.

Estos ejemplos ilustran que al operar con las diferentes magnitudes en el estudio del mundo físico, se generan otras que pueden tener que ser caracterizadas, definidas y calculadas, haciendo uso de un número arbitrario de "componentes".

En el ejemplo que antes estudiamos, para hacer una transformación de coordenadas de un sistema cualquiera, a otro también arbitrario, teníamos:

$$dh = \frac{\partial h}{\partial x} dx + \frac{\partial h}{\partial y} dy + \frac{\partial h}{\partial z} dz$$

$$du = \frac{\partial u}{\partial x} dx + \frac{\partial u}{\partial y} dy + \frac{\partial u}{\partial z} dz$$

$$dv = \frac{\partial v}{\partial x} dx + \frac{\partial v}{\partial y} dy + \frac{\partial v}{\partial z} dz$$

De modo que, para hacer el cálculo necesitamos el valor de estas nueve magnitudes:

$$\frac{\partial h}{\partial x} \quad \frac{\partial h}{\partial y} \quad \frac{\partial h}{\partial z}$$

$$\frac{\partial u}{\partial x} \quad \frac{\partial u}{\partial y} \quad \frac{\partial u}{\partial z}$$

$$\frac{\partial v}{\partial x} \quad \frac{\partial v}{\partial y} \quad \frac{\partial v}{\partial z}$$

Una forma alternativa de expresar las operaciones que tenemos que hacer, es en forma de "determinante":

$$\begin{vmatrix} \dfrac{\partial h}{\partial x} & \dfrac{\partial h}{\partial y} & \dfrac{\partial h}{\partial z} \\ \dfrac{\partial u}{\partial x} & \dfrac{\partial u}{\partial y} & \dfrac{\partial u}{\partial z} \\ \dfrac{\partial v}{\partial x} & \dfrac{\partial v}{\partial y} & \dfrac{\partial v}{\partial z} \end{vmatrix}$$

que recibe el nombre de "determinante jacobiano" de la transformación, o simplemente "jacobiano".

Así, como hemos visto, se pueden usar coordenadas arbitrarias, y hacer transformaciones de ellas para conocer sus valores en otros sistemas; aunque las componentes cambien de valor al cambiar de sistema, el "cálculo diferencial absoluto" o "cálculo tensorial", se formula de manera que las magnitudes físicas del mundo real tengan el mismo valor en todos los sistemas, pues como dijimos antes no deberían depender del sistema de coordenadas en el que se hagan las medidas, y así todos los observadores en cualquier sistema, obtendrán las mismas relaciones matemáticas entre las magnitudes que midan, representadas por las mismas fórmulas, y por tanto, las mismas "leyes de la naturaleza".

Esto se consigue haciendo las compensaciones necesarias en los valores de las componentes, pues si se conoce la cantidad en que varían al cambiar de sistema, se podrán añadir términos compensatorios en las fórmulas de manera que las magnitudes físicas tengan el mismo valor en todos ellos.

Y, como hemos visto esto requiere utilizar el "jacobiano", pues conociendo el valor del conjunto de derivadas parciales, se puede saber la cantidad en que varían las componentes al cambiar de sistema. Veremos también que se necesita conocer su correspondiente inverso, pues la transformación debe ser invertible.

Al hacer operaciones de derivación se utiliza la llamada "derivación covariante", que añade a la derivada normal de una magnitud, el cambio en los valores debido al sistema de coordenadas empleado:

$$DA^i = \left(\frac{\partial A^i}{\partial x^l} + \Gamma^i_{kl} A^k \right) dx^l$$

Como vemos a la derivada normal de la magnitud física con la que estemos operando, se le suma un término adicional, Γ^i_{kl} , que se define así:

$$\Gamma^i_{kl} = \frac{1}{2} g^{im} \left(\frac{\partial g_{mk}}{\partial x^l} + \frac{\partial g_{ml}}{\partial x^k} - \frac{\partial g_{kl}}{\partial x^m} \right)$$

Esta magnitud y otra semejante que se puede ver al principio de este escrito, reciben el nombre de "símbolos de Christoffel", y como vemos son combinaciones de derivadas del tensor fundamental, que es el que determina la métrica (la regla para medir distancias) de la variedad en la que se encuentren las magnitudes físicas con las que estemos operando.

De modo que nos dicen cómo varía la métrica a medida que pasamos de un punto a otro que esté junto a él, o a medida que recorremos la variedad de una manera continua, pues como vemos se deriva con respecto a las coordenadas; el que estas tengan índices distintos revela que la formula, cuando se desarrolla, nos da las variaciones en toda dirección posible.

Utilizando el principio de mínima acción se obtienen las fórmulas de las "distancias más cortas" para llegar de un "punto" a otro en una variedad curva, que tienen esta forma:

$$\frac{d^2x^i}{ds^2} + \Gamma^i_{kl}\frac{dx^k}{ds}\frac{dx^l}{ds} = 0$$

En el caso de la Relatividad, el primer término (o "sumando"), representa la "cuadriaceleración"; el segundo incluye como vemos un "símbolo de Christoffel" lo que indica que se trata de la "línea de recorrido más corto" en una variedad curva; la igualación a cero muestra que se usa el principio de mínima acción para obtener la ecuación; es el equivalente a una línea recta en una variedad euclídea, y recibe el nombre de "geodésica".

Estos procedimientos matemáticos eran justamente los que Einstein necesitaba para formular las ideas de la Relatividad General.

Lo que hemos tratado en este escrito, ya nos permite hacernos una idea de cómo funciona el "cálculo tensorial" y por qué hay que "reformular", por decirlo así, las leyes de la física en el lenguaje matemático del cálculo tensorial.

El sistema de ecuaciones que hemos obtenido para transformar las componentes de un "vector" al cambiar de un sistema de coordenadas a otro, ya se puede considerar como un "tensor", y de hecho, así es como se consideran los vectores, como tensores de menor rango; veamos por qué:

$$dh = \frac{\partial h}{\partial x}\,dx + \frac{\partial h}{\partial y}\,dy + \frac{\partial h}{\partial z}\,dz$$

$$du = \frac{\partial u}{\partial x}\,dx + \frac{\partial u}{\partial y}\,dy + \frac{\partial u}{\partial z}\,dz$$

$$dv = \frac{\partial v}{\partial x}\,dx + \frac{\partial v}{\partial y}\,dy + \frac{\partial v}{\partial z}\,dz$$

En el primer miembro de cada una de estas tres ecuaciones, tenemos los valores de las componentes del vector en un sistema de coordenadas, y en el segundo miembro tenemos sus valores en el otro sistema; considerando el sistema como un solo "objeto matemático", podemos decir que el primer miembro representa al vector en un sistema de coordenadas, y el segundo miembro lo representa en el otro, y como vemos, el valor es el mismo en los dos sistemas, siempre que las coordenadas "x", "y", "z" vayan acompañadas de las derivadas parciales correspondientes.

Esto se ve más claro cuando se utiliza la notación de subíndices y superíndices, típica del cálculo tensorial; puesto que hay que operar con sistemas de ecuaciones muy grandes, se utiliza una notación "compacta", por decirlo así, que se hace más manejable, y solo hay que desarrollarla, cuando se tienen que hacer ya los cálculos numéricos; el sistema de ecuaciones de arriba, y otros incluso mucho mayores, pueden representarse por la siguiente ecuación:

$$\mathrm{dx}'_\sigma = \sum_\nu \frac{\partial x'_\sigma}{\partial x_\nu}\,\mathrm{dx}_\nu$$

(*donde* $\sigma, \nu, etc. = 1, 2, 3, 4, ..., n$; y cuando hay que hacer los cálculos numéricos se sustituyen las letras que se usan como índices por los conjuntos de números que correspondan, la suma que se simboliza por $\sum$ se desarrolla, y la ecuación "comprimida" de arriba se vuelve a transformar en el sistema de ecuaciones)

Y la transformación de un tensor, en general, se representa por medio de fórmulas semejantes a esta:

$$A'^\sigma = \sum_\nu \frac{\partial x'_\sigma}{\partial x_\nu} A^\nu$$

donde los subíndices y los superíndices representan componentes "covariantes" y "contravariantes", respectivamente, siendo unas inversas de las otras, lo que permite invertir las operaciones de transformación de coordenadas cuando es necesario.

Pero hay otra razón muy importante para utilizar tanto el "jacobiano" de una transformación, como su correspondiente "jacobiano" inverso: El conjunto de derivadas parciales que constituyen un jacobiano, pueden también colocarse como los elementos de una matriz, utilizando paréntesis curvos, en lugar de las dos líneas rectas del determinante, y como sabemos, el producto de una matriz por su inversa da como resultado la matriz unidad.

Puede que tengamos que hacer operaciones entre magnitudes físicas, que, expresadas en forma tensorial, contengan, algunas de ellas, uno o más jacobianos, y en algunas de las otras haya jacobianos inversos. Si tenemos que multiplicar dos magnitudes en las que sea así, los jacobianos inversos se cancelarán entre sí.

En la "notación de índices" esto se reflejará en que en el producto resultante un índice covariante se cancelará con otro contravariante del mismo tipo, y esto reducirá el rango del tensor.

Tal operación se llama "reducción" o "contracción" del tensor; de hecho, el producto escalar de vectores que hemos considerado antes se puede considerar como tal operación, pues cancela el índice que utilizaríamos para representar abreviadamente las componentes de los vectores, dejando una cantidad escalar, sin ningún índice que represente componentes.

En la fórmula de arriba podemos considerar que el primer miembro representa el "tensor" en un sistema de coordenadas, y el segundo representa la misma magnitud física transformada a otro sistema; y el signo "igual" entre los dos miembros de la ecuación indica que el valor es el mismo en ambos.

Vamos a ver un ejemplo que muestra como esta forma de expresar las transformaciones garantiza la invariancia, es decir, que las magnitudes tengan el mismo valor en todos los sistemas de coordenadas.

Por ejemplo, en una variedad de cuatro dimensiones diremos que 4 cantidades tales como A_ν , ($\nu = 1,2,3,4$) son las componentes de un cuadrivector covariante si se cumple la siguiente condición:

$$\sum_\nu A_\nu \, B^\nu = invariante$$

Donde "invariante" significa que es una cantidad escalar que en un punto determinado tiene el mismo valor en todos los sistemas.

La condición se cumple porque las expresiones tensoriales de los dos cuadrivectores son, respectivamente:

$$B^\nu = \sum_\nu \frac{\partial x'_\sigma}{\partial x_\nu} \, B_\nu$$

$$A_\nu = \sum_\nu \frac{\partial x_\nu}{\partial x'_\sigma} \, A^\nu$$

De modo que:

$$\sum_\nu A_\nu B^\nu = \sum_\nu \left(\frac{\partial x_\nu}{\partial x'_\sigma} \frac{\partial x'_\sigma}{\partial x_\nu} A^\nu B_\nu \right) = \sum_\nu A^\nu B_\nu$$

Como vemos, los dos jacobianos, los dos conjuntos de derivadas parciales, son inversos uno del otro, su multiplicación equivale a multiplicar una matriz por su inversa, y el resultado es la matriz unidad; por tanto podemos decir que se cancelan entre sí, y nos queda la suma de cuatro valores fijos: las componentes de los cuadrivectores en algún punto de la variedad, una magnitud invariante.

Como veremos con más detalle en números próximos, los "tensores" se expresan siempre de manera que vayan acompañados de las magnitudes compensatorias adecuadas, para que las entidades físicas que representan tengan el mismo valor en todos los sistemas de coordenadas, y como se puede ver en el ejemplo considerado, generalmente son el conjunto de derivadas parciales que constituyen el "jacobiano" de la transformación.

Además de los métodos de notación "compacta" que hemos visto antes, se utilizan convenios de suma que ya explicaremos, que hacen innecesario usar el símbolo habitual para representar una suma o sumatorio (la letra griega "sigma mayúscula": $\sum$) ; todo eso requiere establecer ciertas reglas para manejar los subíndices y superíndices que se utilizan en las fórmulas, y aprender a desarrollarlas cuando hay que hacer los cálculos.

Antes hemos comentado que los científicos tenían un motivo para desarrollar métodos matemáticos en los que los valores de las magnitudes físicas fundamentales no dependiesen del sistema de coordenadas utilizado, y tuviesen el mismo valor en todos ellos.

Pero había otra motivación importante procedente de lo que pudiéramos llamar la "matemática pura", concretamente de la geometría.

Y, como veremos, ambos motivos están íntimamente relacionados, pues el uso de coordenadas curvilíneas generalizadas y arbitrarias, que como hemos visto, parece ser un requisito físico necesario, implica que en realidad estamos haciendo física en "variedades geométricas" con curvaturas y deformaciones de todo tipo. Y la Relatividad General de Einstein confirmó definitivamente que es así.

Uno puede considerar a la geometría como "matemáticas puras". Por ejemplo podemos empezar con los axiomas de la geometría euclídea, que es la geometría más familiar, la que se estudia ya en el colegio y en el instituto, y derivar de dichos axiomas las fórmulas geométricas sin hacer ninguna referencia al mundo físico.

Pero lo cierto es que la geometría se puede también considerar una ciencia física, y de hecho el hombre descubrió la geometría (palabra derivada del griego, que significa: "medición de la tierra") en el mundo físico.

La Relatividad General de Einstein pone de manifiesto claramente la íntima relación, prácticamente la identificación, entre geometría y física.

En años recientes se está proponiendo que el "mundo matemático" y el "mundo físico" son en realidad lo mismo (aunque seguramente el "mundo matemático" contenga más realidades que las que se han descubierto hasta ahora en el "mundo físico").

En tiempos del famoso matemático Carl Friedrich Gauss, había dudas sobre el hecho de que la geometría clásica euclídea fuese la verdadera geometría del mundo real.

Gauss mismo intentó hacer comprobaciones experimentales sobre el tema. En la geometría euclídea, una de las reglas más conocidas que se cumple, es que la suma de los tres ángulos de cualquier triángulo da como resultado siempre 180º. Con la colaboración de unos ayudantes intentó comprobar si esto era así realmente en un triángulo muy grande, haciendo mediciones desde las cimas de tres montañas alejadas, de los ángulos del "triángulo" formado por las visuales entre las tres cimas: No encontró desviaciones de la predicción de la geometría euclídea, pero la desviación sí existe.

Lo que ocurre es que la superficie esférica de la Tierra es muy grande en comparación con nuestro tamaño y el de nuestros instrumentos, y una parte relativamente pequeña de su superficie se puede considerar prácticamente plana.

Si se trazase un triángulo sobre la superficie del planeta de un tamaño mucho mayor que el que utilizó Gauss, se comprobaría que la suma de sus tres ángulos es mayor de 180º.

Aunque los axiomas se consideran en matemáticas verdades tan evidentes que no necesitan demostración, los matemáticos habían obtenido demostraciones convincentes de los axiomas de Euclides, el famoso geómetra griego, excepto de uno de ellos, el llamado "axioma de las paralelas".

Ese axioma afirma que: "por un punto exterior a una recta solo se puede trazar una línea paralela a ella". Parece algo evidente, pero a pesar de muchos intentos no se consiguió lo que se podría llamar una "demostración estrictamente matemática" de él.

El hecho de que la superficie de la Tierra es aproximadamente esférica, se sabía ya, como mínimo desde la época griega clásica. Una prueba de que así era se podía obtener observando la sombra que la Tierra proyecta sobre la superficie lunar en los eclipses de Luna, cuando la Tierra se interpone entre la Luna y el Sol. La sombra siempre es una curva.

Pero supongamos que eso no se supiera y hagamos una especie de "experimento mental": Dos barcos están situados justamente en la línea del ecuador, aunque en diferentes puntos de ella, a muchísimos kilómetros el uno del otro, y empiezan a avanzar hacia el norte manteniendo ambos una trayectoria perfectamente recta, siempre perpendicular al ecuador. Convencidos de que la Tierra es plana suponen que sus trayectorias "paralelas" en todo momento (por ser las dos perfectamente perpendiculares a la línea del ecuador), no llegarán a juntarse nunca. Sin embargo cuando ambos lleguen al "polo norte" y se encuentren en él, comprenderán que realmente han estado viajando sobre una superficie esférica.

Gauss mostró que si unos "seres imaginarios completamente planos" viviesen en un inmenso mundo plano (de dos dimensiones), como una gran hoja de papel pero con un relieve con muchas curvaturas, alturas y depresiones, además de grandes llanuras, podrían determinar completamente la geometría de su mundo plano sin necesidad de considerar que tal "mundo" está inmerso, desde nuestro punto de vista tridimensional, en un "espacio" con una dimensión adicional, haciendo sus mediciones y experimentos exclusivamente en el plano bidimensional.

Después de todo eso es lo que hacen los que elaboran mapas de partes de la superficie de la Tierra usando métodos geodésicos.

Como ocurre con la geometría de la superficie terrestre, cuando se consideran grandes extensiones de ella, los habitantes del "mundo bidimensional" descubrirían que su geometría no es "euclídea".

Y, como hemos dicho, lo harían sin necesidad de ser conscientes en absoluto de que "hay una tercera dimensión" que ellos no perciben.

Para ello trazarían líneas coordenadas sobre la superficie, llamadas "coordenadas de Gauss" (algo parecido a los meridianos y paralelos que nosotros trazamos en los mapas de la Tierra), y usándolas para hacer mediciones, descubrirían que la geometría de su mundo se desvía de las predicciones de la geometría euclídea.

Esas desviaciones harían necesario, para medir distancias, utilizar un "teorema de Pitágoras" modificado; los cuadrados de las diferenciales de las coordenadas tendrían que ir multiplicados por unas cantidades determinadas para obtener valores correctos en las distancias, y como las curvaturas pueden ser diferentes en diferentes lugares, y por tanto con diferentes coordenadas, tales cantidades serían funciones de las coordenadas.

Esta "variante" del teorema de Pitágoras, aplicable a todo tipo de variedad geométrica, tenga la curvatura que tenga, se escribe abreviadamente así:

$$ds^2 = \sum g_{ik} \, dx^i dx^k$$

En el caso particular en el que la geometría sea euclídea, es decir sin curvaturas, las g_{ik} se reducen a la unidad, y los productos de cada dos coordenadas se vuelven a expresar como el cuadrado de una, de modo que la fórmula se transforma en el teorema de Pitágoras habitual. Se puede decir que es un "teorema de Pitágoras" generalizado, que incluye al teorema de Pitágoras habitual como un caso particular.

Como la forma que tomen esas funciones depende de las diversas formas de las curvaturas, conociéndolas se puede determinar completamente la forma del "espacio bidimensional" que estamos considerando, y en qué medida se desvía en cada "punto", de la geometría euclídea. Por tanto se llama a esas funciones "la métrica" del "espacio" o "variedad" bajo estudio.

Estas ideas y métodos matemáticos se pueden aplicar igualmente al "espacio tridimensional". El ejemplo que utilizó Gauss del "mundo plano" no debería hacernos pensar que nuestro "espacio tridimensional" está inmerso a su vez en otro "espacio" de una dimensión mayor; (eso es un asunto que tal vez consideremos en otros contextos, pues actualmente se está investigando cómo se genera la realidad que experimentamos a partir de "información", se están aplicando ideas de "informática cuántica", e incluso se considera que la realidad "tridimensional" que experimentamos podría originarse como una especie de "proyección holográfica" de información codificada en una frontera de menor dimensión).

Volviendo al ejemplo que utilizó Gauss, su extensión al espacio tridimensional solo significa que la geometría de éste se desvía de la geometría euclídea, y las funciones que constituyen la "métrica" de cada "espacio" o "variedad" determinan en qué proporción se desvía.

Además de Gauss, otros matemáticos, como Bolyai y Lobachevsky, desarrollaron independientemente geometrías no euclídeas.

Riemann desarrolló ampliamente los trabajos iniciados por Gauss, y otros matemáticos y físicos también hicieron contribuciones muy importantes.

Para dar a estos métodos matemáticos la mayor generalidad posible, se formularon de manera que pudieran aplicarse a "variedades" de cualquier número de dimensiones, pues en física y matemáticas se utilizan estructuras como los "espacios de configuración" y los "espacios de fases", que contienen todas las configuraciones posibles que pueda tomar cualquier estructura, sistema, o conjunto de entidades físicas, o todas las fases por las que pasa un proceso, y son "espacios matemáticos" de muchas dimensiones. En la teoría cuántica se emplean los "espacios de Hilbert" de infinitas dimensiones. Algún filósofo ha propuesto que tal vez deberíamos considerar tales "espacios" o "variedades" tan reales como el espacio físico tridimensional, que, al fin y al cabo, también es un tipo particular de "espacio matemático", tal como la geometría euclídea se puede considerar como un caso particular (de curvatura cero) de las geometrías más generales.

Ya consideramos antes también que al operar con vectores tridimensionales, surgen magnitudes con mayor número de componentes, y la Relatividad debe formularse en una variedad de cuatro dimensiones.

Es fácil comprender que a partir de la fórmula fundamental:

$$ds^2 = \sum g_{ik} \, dx^i dx^k$$

que como vemos contiene las cantidades g_{ik} que determinan la "métrica", y de los Símbolos de Christoffel:

$$\Gamma_{i,kl} = \frac{1}{2}\left(\frac{\partial g_{ik}}{\partial x^l} + \frac{\partial g_{li}}{\partial x^k} - \frac{\partial g_{kl}}{\partial x^i}\right)$$

$$\Gamma^i_{kl} = \frac{1}{2}\,g^{im}\left(\frac{\partial g_{mk}}{\partial x^l} + \frac{\partial g_{ml}}{\partial x^k} - \frac{\partial g_{kl}}{\partial x^m}\right)$$

que muestran cómo van variando esas magnitudes al ir variando las coordenadas, como si nos fuéramos desplazando por toda la "variedad", podemos obtener a partir de esas fórmulas, el llamado "Tensor de curvatura" o "Tensor de Riemann-Christoffel", que define completamente la variedad en cuestión.

Y con estas explicaciones se puede decir que ya disponemos de una comprensión básica del cálculo tensorial y de las geometrías no euclídeas.

Para aplicarlo a la Relatividad General, se necesita disponer de otro tensor: el "Tensor energía-impulso de la materia", pues la Relatividad General es una teoría de la gravedad, y la materia es la fuente de la gravedad.

De acuerdo con la Relatividad General un objeto astronómico masivo, origina una distorsión en la geometría del espacio-tiempo, que hace que los cuerpos en su entorno se muevan en trayectorias curvas, explicando así la gravedad y sus efectos.

De modo que Einstein estableció unas "ecuaciones de campo" en las que en el primer miembro figura el tensor de curvatura (una variante que consideró adecuada para su teoría, del tensor de Riemann-Christoffel, el tensor de la geometría) y en el otro miembro figura el tensor energía-impulso de la materia, con magnitudes como la densidad y otras, multiplicado por una constante que es el equivalente de la constante de Gravitación de Newton. De hecho contiene a la constante de Newton, pero también otras cantidades, como la velocidad de la luz, para ajustarse a los requisitos de la relatividad, y alguna otra para equiparar el contenido dimensional en ambos miembros de la ecuación. De este modo relacionó la geometría del espacio-tiempo con su contenido material.

Como la teoría de Newton permite obtener muy buenas aproximaciones, la distorsión de la geometría en el entorno del Sol debe ser pequeña, y esto permitió usar la aproximación de Newton como guía y permitió hacer cálculos.

Pero el uso de las fórmulas tensoriales tuvo su efecto y dio como resultado pequeñas desviaciones, pero estas dieron los valores correctos que la observación había revelado.

Siendo la Relatividad General de Einstein una teoría tan importante para entender el Universo en que vivimos, y siendo necesario un buen entendimiento de ella para comprender los desarrollos de las investigaciones más recientes, merece la pena comprenderla a un nivel avanzado, y no solo a nivel de divulgación.

Se ha dicho que es una de las teorías físicas más bellas, y logró explicar una de las pocas cosas que la física de Newton no hizo: el avance del perihelio de Mercurio, descubierto por Leverrier mucho antes de que Einstein la desarrollara; predijo también la desviación de la luz al ser afectada por la fuerza gravitatoria del Sol, y el retardo temporal que origina un campo gravitatorio. Esas son las tres verificaciones iniciales, clásicas, que confirmaban la validez de la teoría; en años recientes, observaciones astronómicas de precisión, así como la necesidad de tomarla en cuenta para que el sistema GPS proporcione datos precisos, han mostrado su validez hasta un grado impresionante.

Consideraremos ahora los hallazgos e ideas que condujeron al descubrimiento de la Relatividad. Esto nos permitirá entender la teoría a nivel conceptual, lo cual a su vez nos permitirá comprender mejor por qué requiere el tipo de cálculo que hemos estado considerando

LA RELATIVIDAD ESPECIAL I: El tiempo se ralentiza y el espacio se acorta

La unificación de Maxwell

Maxwell expresó los descubrimientos sobre la electricidad y el magnetismo en forma de ecuaciones matemáticas. Las fórmulas describían por lo tanto la relación entre electricidad y magnetismo. Explicado a grandes rasgos, si en un miembro de una ecuación aparece variación de electricidad, en el otro miembro aparece magnetismo y viceversa. Electricidad y magnetismo aparecen así relacionadas y unificadas en una sola entidad matemática. Las ecuaciones muestran en qué medida una corriente eléctrica genera magnetismo y viceversa. Por lo tanto ya no hay que hablar de electricidad y magnetismo por separado, sino de electromagnetismo. Como una consecuencia lógica de la íntima relación entre electricidad y magnetismo, las ecuaciones predecían la propagación de un nuevo tipo de ondas: un campo eléctrico variable genera en torno suyo un campo magnético, que a su vez genera otro campo eléctrico, y así sucesivamente, de manera que se propaga por el espacio una onda electromagnética. Incluso se podía calcular la velocidad de las ondas. La velocidad de las ondas a través de un medio determinado, depende de ciertas constantes características del medio, como la rigidez y la densidad. Análogamente la velocidad de las ondas electromagnéticas depende de ciertas constantes relacionadas con las diferentes intensidades de las fuerzas eléctrica y magnética. Cuando se hicieron los cálculos la velocidad resultó ser igual a la velocidad de la luz (300.000 km/seg.), que ya se había medido anteriormente. La conclusión era lógica: las ondas de luz eran ondas electromagnéticas.

Apareció así otra gran unificación en física: electricidad, magnetismo y luz eran manifestaciones de un mismo fenómeno.

El origen de la teoría de la relatividad

La física de Newton sirvió para explicar casi todos los fenómenos conocidos durante siglos. No se puede negar que fue una enorme conquista intelectual. De hecho, solo ha habido que hacer dos modificaciones en el siglo XX (la teoría de la relatividad y la teoría cuántica). Aunque esas teorías suponen un avance impresionante en nuestro entendimiento, en realidad no echan por tierra los éxitos obtenidos por la física de Newton, sino que, por decirlo de alguna manera, los absorben. En la teoría de la relatividad y en la teoría cuántica, las fórmulas de Newton vuelven a aparecer como un caso límite. Concretamente, la relatividad ajusta las fórmulas newtonianas para tener en cuenta los efectos de la velocidad de la luz, y la teoría cuántica las ajusta para tener en cuenta que la energía no puede tomar cualquier valor, lo que se pone de manifiesto en los intercambios de energía de los procesos atómicos. En el caso límite en que se pueden ignorar los efectos de la velocidad de la luz y la cuantización de la energía, se anulan los términos matemáticos correspondientes y lo que queda son las fórmulas de Newton.

Como hemos visto, en la teoría electromagnética de Maxwell, la velocidad de la luz aparece como una constante, pues se obtiene de otras constantes relacionadas con las fuerzas eléctricas y magnéticas. Para que las leyes del electromagnetismo sean válidas, sin tener que modificarlas de forma complicada, cualquier observador debe obtener el mismo valor para la velocidad de la luz, sin importar cuál sea el estado de movimiento del observador que haga la medida. Los físicos se dieron cuenta de que esto estaba en contradicción con las leyes del movimiento de Newton. Supongamos que vamos en un tren que avanza a velocidad uniforme. Lanzamos una pelota dentro del tren y medimos su velocidad con relación al tren (o sea, como si el tren estuviera en reposo). Si un observador en tierra midiera la velocidad de la pelota no obtendría el mismo valor que nosotros. La velocidad que obtendría sería la suma de la velocidad de la pelota con relación al tren más la velocidad del tren con relación a la Tierra. Si las ondas de luz se propagan en el supuesto "éter", su velocidad parecería mayor a un observador que fuese hacia la luz que a otro que se aleja de ella. Un experimento preciso realizado por Michelson y Morley mostró que la velocidad de la luz tenía el mismo valor en cualquier dirección que se midiese. Si hubiesen detectado diferencias se habría confirmado que la Tierra se movía a través del éter, y este podría servir como un sistema de referencia respecto al cual medir los demás movimientos, pero si no se pudo detectar tal "movimiento a través del éter", como Einstein expresaría después, suponer su existencia resultaba superfluo. En el Universo no se conoce nada que esté en reposo, por lo que solo podemos medir la velocidad de unos objetos con relación a otros, o sea, velocidades relativas. ¿Cómo puede entonces haber una velocidad absoluta, que sea la misma, se mida desde donde se mida?. Parece una contradicción. Sin embargo Einstein mostró como se podían reconciliar ambas teorías, mecánica y electromagnetismo, sin renunciar a los éxitos obtenidos por cada una. Pero para ello había que renunciar al concepto de "tiempo absoluto" que se daba por sentado hasta entonces.

La relatividad de la simultaneidad

Volvamos al ejemplo del tren. Se hace de noche. Al lado de la vía hay dos farolas apagadas, separadas por una distancia considerable y en la mitad del camino entre ellas hay un observador en tierra. En determinado momento, cuando el tren está recorriendo parte de la distancia entre las farolas, estas se encienden. Las dos señales luminosas, viajando a la velocidad de la luz, llegan al observador en tierra al mismo tiempo; él, por lo tanto concluye que las dos se han encendido simultáneamente. Sin embargo ¿qué percibirá un observador en el tren?. El tren avanza hacia el primer foco y se aleja del segundo, por lo que la luz de uno le llegará antes que la del otro. La conclusión es evidente: dos sucesos que son simultáneos para el observador en tierra no serán simultáneos para el observador en el tren, Este simple ejemplo muestra que la percepción de una secuencia de sucesos (y por lo tanto la percepción del paso del tiempo), puede variar de un observador a otro, según su estado de movimiento. Sería un error pensar que la medida del observador en tierra es la "real", mientras que la otra es "aparente". Podemos entenderlo si ahora trasladamos el ejemplo del tren al Universo y pensamos en dos sistemas de referencia que se mueven uno con respecto al otro, cada uno con su observador haciendo mediciones. La relatividad de la simultaneidad se cumplirá igual. Cada observador tiene el mismo derecho a pensar que está en reposo y el otro se mueve respecto a él. Por lo tanto las mediciones o percepciones de uno se pueden considerar tan reales como las del otro, pero como hemos visto, el transcurso de los acontecimientos, el transcurso del tiempo, es diferente en cada sistema de referencia. Para cada observador lo que él mide y percibe es lo "real" y ninguno tiene derecho a decir que sus mediciones o percepciones son más reales que las del otro, porque en el Universo no existe ningún sistema privilegiado, puesto que todos los sistemas de referencia se mueven unos respecto a otros. No se conoce ningún sistema en reposo absoluto respecto al cual se puedan medir los demás movimientos. Por lo tanto, los observadores en cualquier sistema de referencia tienen el mismo derecho que los demás a considerar sus mediciones o percepciones reales.

¿Qué instrumentos , objetos o sistemas físicos podemos usar como relojes?: cualquier sistema que tenga un movimiento periódico; por ejemplo, la Tierra gira en una órbita alrededor del Sol y cuando completa un giro vuelve a hacer otro, y cada giro tiene la misma duración; usamos ese sistema para medir los años; cada giro corresponde a un año; un péndulo que oscila de un lado a otro de manera regular , empleando el mismo tiempo en cada oscilación, también se usa como reloj: se pueden contar o registrar el número de oscilaciones que ha realizado entre dos sucesos, y eso nos da el tiempo transcurrido entre dichos sucesos; ahora se usan las rápidas y regulares oscilaciones de los átomos para hacer relojes muy precisos, que pueden medir intervalos de tiempo muy cortos.

Pensemos por tanto en usar como reloj un oscilador muy sencillo; imaginemos simplemente dos placas paralelas, separadas una pequeña distancia, una arriba y otra abajo, y una bolita que rebota de una a otra continuamente y de manera regular.

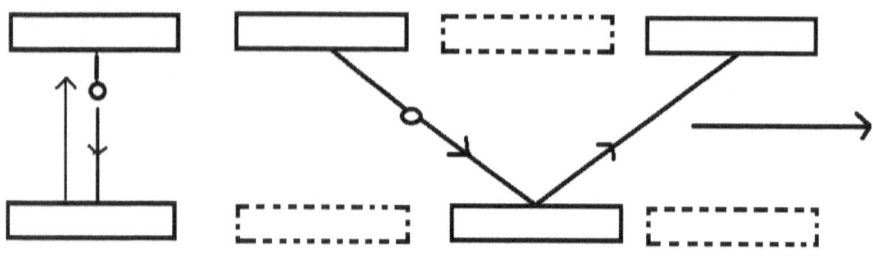

Un amigo nuestro está dentro de un vehículo con un reloj así, y a cierta distancia otro amigo está observándole, y con unos prismáticos puede ver perfectamente el reloj; por cierto, él también tiene a su lado un reloj igual; los dos amigos están en reposo, y el que está a cierta distancia fuera del vehículo comprueba que los dos relojes están marchando al mismo ritmo; la bolita de uno y la del otro se mantienen totalmente sincronizadas, oscilando o latiendo al unísono; el tiempo transcurre igual para los dos; pero ahora el amigo que está dentro del vehículo lo pone en marcha y empieza a moverse hacia adelante; él sigue observando el reloj que lleva en el vehículo y lo sigue viendo igual que antes de moverse, porque el reloj se mueve junto con él; pero su amigo, que permanece quieto fuera del vehículo, observa con los prismáticos algo diferente cuando mira el reloj del interior; como las dos placas están avanzando con relación a él, la bolita tiene que hacer ahora un recorrido más largo para completar cada oscilación, puesto que después de rebotar en la placa de arriba, mientras se dirige hacia la de abajo, esta se ha desplazado cierta distancia antes de que la bola la alcance; por tanto, desde el punto de vista del observador fuera del vehículo, las oscilaciones del reloj del vehículo se completan en un intervalo de tiempo más largo que las que mide con su reloj; pero ese efecto no está ocurriendo solo en el reloj; como dijimos antes, los átomos, que componen tanto al vehículo como todo lo que hay en él, incluido el cuerpo del conductor, son también osciladores regulares, de modo que todos los procesos, incluidos los biológicos, están transcurriendo a un ritmo distinto, pero el observador de adentro no percibe ningún cambio porque todo se ralentiza a la vez y en la misma proporción; es el de afuera el que percibe la ralentización con relación a él; de modo que no hay un tiempo absoluto; cada uno tiene su tiempo propio.

No solo la medición del tiempo, sino también la medición del espacio se basa en el concepto de simultaneidad. Volviendo al ejemplo del tren, supongamos que el observador en tierra ve que cuando los focos se encienden, uno coincide con el extremo delantero del tren y el otro con el extremo trasero. Llega a la conclusión de que la longitud del tren es igual a la longitud entre las dos farolas. La distancia entre los focos ha sido su vara de medir. ¿Qué verá en este caso el observador en el tren?. Verá iluminada la cabecera del tren y, *transcurrido un tiempo*, verá iluminada la parte trasera (puesto que se está alejando de la farola que ha iluminado esa parte del tren, y su luz, y la imagen que transporta, tardará más en llegar), y llegará a la conclusión de que la distancia entre los focos es menor que la longitud del tren. Por lo tanto tampoco coincidirán al medir longitudes. En realidad siempre que medimos longitudes, colocamos una vara de medir y damos por sentado que la imagen de los dos extremos de la vara llega a cualquier observador simultáneamente. Pero como hemos visto la simultaneidad es relativa.

Naturalmente la relatividad de la simultaneidad y sus efectos sobre la percepción de longitudes y tiempos, pueden despreciarse cuando las velocidades de los sistemas de referencia son pequeños en comparación con la velocidad de la luz. En el ejemplo hipotético del tren, para percibir los efectos, el tren tendría que tener una velocidad enorme. En experimentos reales a altas velocidades, cuando se aceleran partículas subatómicas, se ha comprobado la validez de las leyes relativistas.

El espacio de Minkowski

Podemos notar que estos efectos relativistas (retraso de los sucesos o dilatación del tiempo, y contracción de las longitudes) se deben al mismo fenómeno: la relatividad de la simultaneidad; por lo tanto están íntimamente relacionados. Concretamente, en la misma medida en que el tiempo se dilata o extiende, la longitud se contrae. Pero eso es precisamente lo que ocurre en el espacio tridimensional, cuando miramos un objeto desde dos perspectivas distintas. Dos observadores pueden ver el mismo objeto y si embargo ver diferentes imágenes. (Por ejemplo, al cambiar la perspectiva la longitud se acorta y la anchura se dilata). Análogamente en relatividad la longitud se acorta y el tiempo se dilata. En la física de Newton el tiempo era el mismo para todos los observadores, absoluto e inmutable. La relatividad nos da más perspicacia sobre los conceptos de espacio y tiempo; nos hace pensar en cómo forjamos en nuestra mente esos conceptos de espacio y tiempo, basándonos en nuestras percepciones; pero nuestras percepciones dependen de nuestro estado de movimiento. En la física relativista el tiempo se comporta como las otras dimensiones espaciales: puede parecer más o menos "estirada" según desde donde se la mire. Antes de la relatividad espacio y tiempo se podían considerar separados. En la relatividad en cambio están íntimamente unidos. Sí la coordenada temporal se dilata, la coordenada espacial se contrae. Podemos expresarlo diciendo que diferentes observadores tienen diferentes "perspectivas" en el espacio-tiempo. No cabe hablar de espacio y tiempo por separado. A esta unión de espacio y tiempo se la conoce como espacio de Minkowski. Un cambio de sistema de referencia equivale, por lo tanto, a un "giro" en el espacio-tiempo, desde el punto de vista matemático, o un "giro" en el espacio de Minkowski. En el espacio tridimensional un punto material queda localizado, con respecto a un sistema de coordenadas de referencia, por medio de tres números: longitud, latitud y altura. En el espacio-tiempo hay que especificar también el tiempo, que puede ser diferente en diferentes sistemas de coordenadas. Un "punto" en el espacio tridimensional equivale a un "suceso" en el espaciotiempo cuatridimensional. Una observación o medición es un "suceso". Según la relatividad es más correcto decir que el "mundo" que percibimos se compone de sucesos, acontecimientos, no de "puntos materiales".

Electromagnetismo y mecánica

La teoría de la relatividad está de acuerdo con la teoría electromagnética de Maxwell. La velocidad de la luz es la misma en todos los sistemas de referencia precisamente porque longitudes y tiempos se ajustan para dar ese resultado. Pero la relatividad también está de acuerdo con la mecánica de Newton en el caso límite de bajas velocidades. Esto se debe a que las fórmulas relativistas son precisamente las fórmulas de Newton, pero con un término añadido que mide la contracción de longitudes y dilatación del tiempo según la velocidad. Cuando la velocidad es baja en comparación con la velocidad de la luz, este término se hace tan pequeño que prácticamente desaparece y reaparecen las fórmulas de Newton.

LA RELATIVIDAD ESPECIAL   II: La masa es energía

El aumento de la masa con la velocidad

Ya sabemos que longitud y tiempo son magnitudes fundamentales en física. Cualquier modificación que sufran afectará a las demás fórmulas que se construyen a partir de ellas. Consideremos la 2ª ley de Newton:

FUERZA = MASA x ACELERACIÓN.

Aplicamos fuerza a un cuerpo y va aumento su velocidad. Pero según la relatividad la longitud se contrae y el tiempo se ralentiza. A mayor velocidad más se acentúan esos efectos, por lo que cada vez nos costará más acelerarlo (aplicaremos fuerza, pero cada vez recorrerá una longitud más corta en un tiempo más largo o dilatado). Es como si su "masa" aumentase al aumentar la velocidad. Nótese que (en este caso), no aumenta la "cantidad de materia" sino la "resistencia a la aceleración", por los efectos relativistas de contracción de longitud y ralentización del tiempo. La masa se define precisamente como "resistencia a la aceleración". Las fórmulas indican que si el objeto llegase a la velocidad de la luz, su longitud se reduciría a cero, el tiempo se detendría y la masa se haría infinita. No sería posible acelerarlo más. Eso indica que la velocidad de la luz es un límite infranqueable en el Universo. Haber descubierto la velocidad límite es un hecho notable, puesto que no se podría haber descubierto mediante experimentos, ya que nunca podríamos estar seguros de que un experimento posterior no descubriría una velocidad mayor. Sin embargo es la teoría la que nos dice que la velocidad de la luz es el límite en el Universo físico. Además, ahora comprendemos mejor, por qué en el Universo la velocidad máxima debe ser la misma en todos los sistemas de referencia o referenciales. Si no fuera así, la velocidad se podría aumentar simplemente por cambio de referencial, y nunca se podría hablar de una velocidad máxima. Pero si las leyes relativistas no se cumplieran, el electromagnetismo no funcionaría como lo hace, y, por decirlo de alguna manera, el Universo se "desplomaría". Esta "construcción" o "estructura" del Universo que habitamos es la que permite que lo experimentemos como lo hacemos.

Masa y energía

La energía cinética de una partícula depende de su velocidad. La fórmula para la energía cinética es:

ENERGÍA CINÉTICA = ½ MASA x VELOCIDAD ^{2}

Pero como hemos visto, de acuerdo con la relatividad la velocidad también aumenta la masa. De modo que un aumento de energía cinética supone también un aumento de masa. Si incremento de energía equivale a incremento de masa, llegamos a la conclusión sorprendente de que la masa es otra forma de energía. Einstein dedujo de las fórmulas relativistas la proporción entre masa y energía. Obtuvo la famosa fórmula:

$$E = m c^2$$

(energía es igual a masa por la velocidad de la luz al cuadrado). Podría pensarse que la fórmula solo debería aplicar a la energía cinética, pero hemos visto que en el Universo unas formas de energía se transforman en otras de acuerdo con la ley de conservación de la energía (para obtener energía cinética tendremos que extraerla de alguna otra forma de energía). Para que la ley de conservación de la energía se cumpla y las leyes del Universo sean consistentes hemos de entender que la fórmula tiene validez universal y aplica a todas las formas de energía. En las reacciones químicas Lavoisier comprobó que se cumplía la ley de conservación de la masa. Ahora dos leyes de conservación se fundían en una: La conservación de la energía, considerando a la masa como otra forma de energía.

Antes del descubrimiento de esta fórmula los científicos no podían explicarse la energía que genera el Sol. No había ningún proceso de obtención de energía conocido en la Tierra que generase tan enorme cantidad de energía con una pérdida muy pequeña de masa. Las leyes relativistas, por lo tanto, se extienden más allá de los campos de estudio en los que se originaron. Explican más cosas que las que originalmente pretendían explicar, mostrando que una ley universal cumple muchos propósitos y que el Universo es una entidad donde todo está relacionado y todas sus leyes cooperan juntas para hacer que funcione como lo hace.

La fórmula de la equivalencia entre masa y energía explica también la gran cantidad de energía que se obtiene en las centrales nucleares, o la que se libera en las explosiones atómicas.

El descubrimiento de la equivalencia entre masa y energía nos conduce a una visión del mundo que ya había sido sugerida por Faraday y Boscovich, quienes habían sugerido que aquellos lugares donde percibimos materia, podrían ser "los lugares donde las fuerzas de un campo de fuerza se concentran en un punto"

Entendiendo la relatividad, podemos entender mejor las relaciones entre materia y energía, y entre espacio y tiempo, y su relación con el movimiento.

EL UNIVERSO DE EINSTEIN: La Relatividad General

Las tres leyes del movimiento de Newton están de acuerdo con la relatividad cuando se consideran velocidades bajas en comparación con la enorme velocidad de la luz. Pero ¿qué pasa con la ley de Gravitación?. Observemos la fórmula newtoniana:

$$F = G \, (M \, m / \, r^2)$$

Vemos que en ella no aparece el tiempo. La fórmula simplemente indica que donde hay una masa, automáticamente hay atracción gravitatoria.

Según esta fórmula es como si el Sol ejerciese su fuerza de atracción sobre la Tierra en el acto, sin transcurrir tiempo alguno. Es como si la influencia gravitatoria se transmitiese a una velocidad infinita. Para Newton mismo esa "acción a distancia" resultaba sospechosa. Como hemos visto, según la relatividad nada puede viajar más rápido que la luz. En la teoría de campos un cuerpo que ejerce su influencia sobre otro no puede hacerlo de manera instantánea. Las fuerzas no se transmiten directamente de una partícula a otra, sino de la primera partícula al campo y de este a la segunda partícula. El campo cobra por tanto realidad física. Ya hemos visto que la relatividad se deriva de la teoría del campo electromagnético. Pero ¿cómo se puede armonizar la relatividad con la ley de la gravedad?. La respuesta a esta pregunta condujo a la Relatividad General.

El principio de equivalencia

Un cuerpo responde a una fuerza aplicada a él, según su "masa inerte" (o masa de inercia), de acuerdo con la fórmula $F = m \cdot a$, pero responde a una fuerza de atracción gravitatoria, según su "masa pesante" (o masa gravitatoria), de acuerdo con la fórmula $F = G [(Mm)/r^2]$. La "masa inerte" es por lo tanto la resistencia de un cuerpo a la aceleración, mientras que la "masa pesante" determina su respuesta a un campo gravitatorio (por ejemplo el de la Tierra); todos los cuerpos caen con la misma aceleración (en la Tierra, 9,8 m/seg.^{2}). La misma cantidad de "fuerza" debe producir la misma cantidad de "aceleración", sin importar si esa "fuerza" proviene de un campo gravitatorio, o de otra fuente, para que todo sea consistente, de modo que podemos igualar las dos expresiones de "fuerza"

Igualemos las dos expresiones de "fuerza":

$$m \cdot a = G [(Mm)/r^2]$$

(Aquí "M" es la masa de la Tierra, y "m" la masa del objeto que cae).

Para ser más concretos:

$$\text{MASA INERTE} \times a = G(M/r^2) \times \text{MASA PESANTE}$$

Podemos medir la "inercia" de un cuerpo usando $F = m \cdot a$, o podemos medir su "peso" usando $F = G [(Mm/r^2)]$; a priori, inercia y peso no tendrían por qué tener el mismo valor. Sin embargo podemos notar que para que la aceleración de la gravedad sea independiente de las características del cuerpo (y por tanto sea la misma para todos los cuerpos acelerados por un campo gravitatorio, como descubrió Galileo), estas ("masa inerte" y "masa pesante") no tendrían que aparecer en la fórmula. Eso solo puede ocurrir si las dos tienen el mismo valor (MASA INERTE = MASA PESANTE). Solo entonces podemos simplificar la fórmula, eliminando esos dos valores en ambos miembros de la ecuación, puesto que son iguales, y nos queda:

$$a = G \, (M/r^2)$$

Así, la aceleración depende solo de la intensidad del campo gravitatorio de la Tierra, y es una constante tal como la experiencia demuestra. Inercia y peso se compensan completamente (A mayor peso, la Tierra tira con más fuerza, pero como mayor peso significa también mayor inercia, el cuerpo se resiste más a la fuerza. Ambos efectos se compensan y el resultado es que todos los cuerpos caen con la misma aceleración).

Einstein se dio cuenta de que esta igualdad entre "masa inerte" y "masa pesante" implicaba la equivalencia entre un sistema en movimiento acelerado y un campo gravitatorio. Consideremos un ejemplo: imaginemos una especie de ascensor, una caja cerrada, sin ventanas, suspendida por un cable y colgando a una altura considerable. Dentro de esta especie de ascensor hay una persona y varios objetos. Supongamos ahora que se corta el cable y el ascensor empieza a caer, Aunque la persona levante los pies del suelo seguirá en caída libre, junto con el ascensor y los demás objetos, todos cayendo con la misma aceleración. A la persona entonces le parecerá que está flotando dentro del ascensor, También los demás objetos parecerán flotar. De hecho, esto es lo que realmente pasa cuando vemos a los astronautas flotar dentro de una nave que está en órbita en torno a la Tierra. Se suele decir que los astronautas están en unas condiciones de "gravedad cero". Pero la gravedad no ha desaparecido, porque es la que mantiene a la nave orbitando en torno a la Tierra, como la Luna. Lo que ocurre es que la nave y todo lo que hay en ella están en caída libre, como en el ascensor imaginario del ejemplo. Einstein se dio cuenta de que una persona en caída libre no siente su propio peso. Pero supongamos ahora que alguien engancha de nuevo el cable del ascensor, y se empieza a hacer que se eleve con un movimiento acelerado, tirando hacia arriba del cable; la persona y las cosas se volverán a pegar al suelo del ascensor y será como si alguien hubiese conectado un campo gravitatorio. Por tanto un sistema en movimiento acelerado y un campo gravitatorio son equivalentes.

Ahora bien, ¿qué ocurre con el espacio y el tiempo en un sistema acelerado?, Consideremos un caso de movimiento acelerado, un disco en rotación, como la plataforma de un tiovivo; (aunque la velocidad, una magnitud vectorial, no cambie de magnitud, cambia de dirección continuamente, por tanto es un sistema acelerado). Imaginemos un habitante de este disco giratorio haciendo mediciones de longitud y de tiempo. Si se coloca en una parte exterior del disco obtendrá unos valores, pero si se coloca en una parte más interna irá a diferente velocidad, y de acuerdo con la relatividad especial la medición de longitudes y tiempos será distinta. De hecho longitudes y tiempos se acortarán o dilatarán constantemente, y tendrán valores diferentes dependiendo de la distancia al centro del disco. Por lo tanto en un sistema acelerado la relatividad hace que los valores de las coordenadas espaciotemporales cambien continuamente de un punto a otro, encogiéndose o dilatándose. En un mundo con esas propiedades no podríamos trazar un sistema de coordenadas rectilíneo. Por ejemplo si tomáramos un plano y tomáramos nuestra "vara de medir" (variable de punto a punto), no podríamos obtener algo semejante a esto:

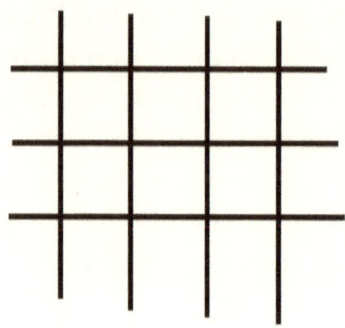

Más bien obtendríamos algo semejante a esto:

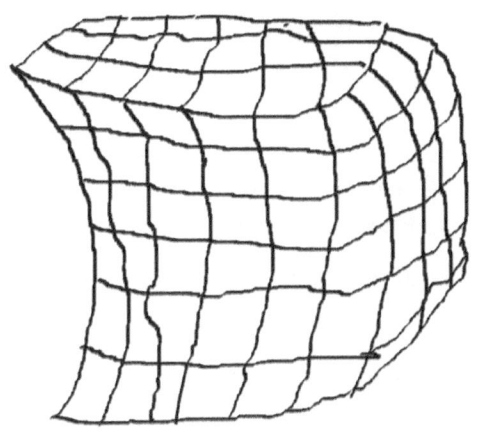

De modo que en un sistema acelerado la relatividad hace que el espacio y el tiempo sean curvos. Pero según el principio de equivalencia lo mismo debe ocurrir en un campo gravitatorio. Según este punto de vista, una gran masa, como la del Sol, origina una curvatura del espacio-tiempo en torno suyo. Altera la geometría de su entorno, deformándola. Los cuerpos en el entorno del Sol se moverán siguiendo trayectorias curvas, porque la geometría es curva, La relatividad conduce a una nueva interpretación de la gravedad. La gravedad se debe a que los cuerpos masivos curvan la geometría de su entorno.

Mientras trabajaba en este tema, Einstein supo que los matemáticos ya habían estudiado, desde hacía años, la geometría de los espacios curvos. Para estudiar una superficie curva se introduce un sistema de coordenadas que se adapte a la curvatura.

Estas se llaman "coordenadas de Gauss". Matemáticos como Gauss dudaban de la validez completa de la geometría que estudiamos en el colegio, llamada geometría euclídea (por Euclides, geómetra griego).

 Por ejemplo, en la geometría euclídea la suma de los tres ángulos de un triángulo siempre mide 180°; esto se puede comprobar en el siguiente gráfico:

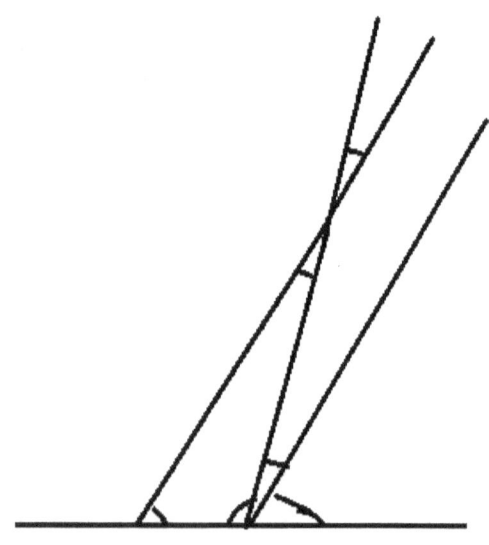

Al trasladar dos de los ángulos, haciendo un "transporte paralelo", para unirlos al tercer ángulo, se ve que los tres suman media circunferencia, o 180°

Sin embargo ¿es esto realmente cierto en la verdadera geometría del mundo real?. Se puede demostrar que solo será cierto si el triángulo se traza en una superficie plana (con curvatura cero). Si trazamos un triángulo pequeño sobre la superficie de la Tierra se cumplirá, pero si vamos aumentando el tamaño del triángulo no se cumplirá debido a la curvatura de la Tierra.

De modo que ¿cuál es la verdadera geometría del Universo?.

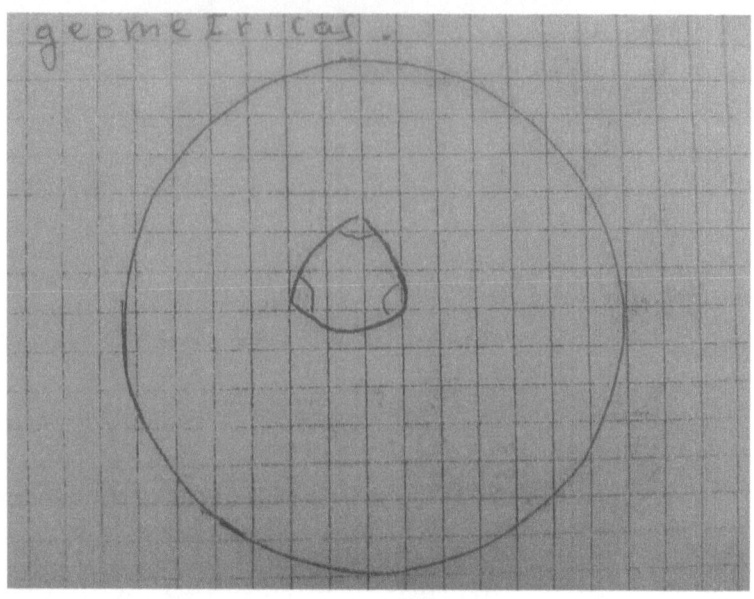

(Ver figura: Si trazamos un triángulo suficientemente grande sobre la superficie de la Tierra, sus tres ángulos sumarán más de 180°. La geometría de Euclides solo se cumple en la superficie de la Tierra como un caso límite, cuando realizamos las mediciones en una porción suficientemente pequeña).

Los experimentos podrían demostrar que la geometría se ve afectada por las propiedades físicas de la materia, la existencia de campos de fuerza, o leyes universales que influyesen en las mediciones geométricas.

De modo que Riemann desarrolló una geometría más general, que aplicase a cualquier clase de espacio, tuviera la estructura que tuviera. Además, para hacerla más general, la geometría se podría extender a cualquier número de dimensiones. Ahora Einstein descubrió que la verdadera geometría del Universo se adaptaba a la geometría prevista por Riemann, y dicha geometría era responsable de lo que conocemos como gravedad. Con la geometría de Riemann, la herramienta matemática que Einstein necesitaba estaba ya lista para su uso. Las fórmulas de esa geometría le sirvieron para calcular hechos que podían ser contrastados con la experiencia. La teoría de Einstein predecía que un rayo de luz seguiría una trayectoria curva al ser afectada por un campo gravitatorio intenso. Esta predicción fue confirmada durante un eclipse de Sol. La luz de una estrella era curvada por el campo gravitatorio del Sol, justo en la medida precisa predicha por la teoría. Además se comprobó que el tiempo se ralentiza al aumentar la intensidad gravitatoria (esto es lo que se quiere decir cuando se habla de que el tiempo es "curvo"). Solo quiere decir que los acontecimientos transcurren más o menos deprisa según la intensidad del campo gravitatorio en el lugar en que se hagan las mediciones. De modo que extendemos el lenguaje que usamos al referirnos a las tres coordenadas espaciales, y decimos que la coordenada temporal también es "curva". Además la teoría de Einstein explicó una anomalía observada en el movimiento del planeta Mercurio, que no había podido ser explicada por la física de Newton. La experiencia por lo tanto ha demostrado la validez de la Relatividad General, la teoría de la gravedad de Einstein.

La "generalidad" de la Relatividad General

La teoría que Einstein desarrolló en 1905, se conoce como relatividad especial o restringida; es la primera que hemos considerado. La extensión que hizo para incluir la gravedad, que completó hacia 1916, es la que acabamos de considerar, y se llama Relatividad General, como hemos dicho. En realidad su "generalidad" no consiste solo en que incluya a la gravedad, sino en algo más profundo.

Desde Galileo sabemos que un sistema de referencia (o sistema de coordenadas) en reposo, no se puede distinguir de otro en movimiento rectilíneo uniforme con respecto a él. Las leyes de la naturaleza, como por ejemplo las leyes del movimiento, se cumplirán y serán las mismas en los dos sistemas. Estos sistemas se llaman inerciales, porque en ellos se cumple la ley de la inercia. Esto se puede expresar así: "Todos los sistemas inerciales son equivalentes para la formulación de las leyes de la naturaleza". Este es el llamado "principio de la relatividad de Galileo". Las leyes de la mecánica de Newton se fundamentan en él. En realidad lo que hizo Einstein fue mostrar que se podían mantener estos dos principios:

1- El principio de la relatividad de Galileo (Fundamental en Mecánica)

2- La constancia de la velocidad de la luz (Tal como aparecía en la formulación de Maxwell del electromagnetismo).

La relatividad especial se basa en esas dos ideas. Así pues, tanto la mecánica de Newton, como la relatividad especial, se cumplen en todos los sistemas inerciales, o sea, los que se mueven con movimiento rectilíneo uniforme unos con respecto a otros. Pero en el Universo todo o casi todo está en rotación, incluyendo a la Tierra, y esos sistemas deben considerarse acelerados, pues el "vector velocidad" cambia su orientación, incluso aunque no cambie su magnitud. ¿Por qué entonces hemos encontrado que la mecánica de Newton y la relatividad especial se cumplen en una amplia variedad de fenómenos?. Porque la Tierra y los demás sistemas de referencia son muy aproximadamente inerciales. Dicho de otro modo, aunque son acelerados, sus aceleraciones son muy suaves.

Sin embargo la Relatividad General se acerca más a la realidad, porque considera desde el principio como serían las leyes de la naturaleza en cualquier sistema de referencia. Extiende el principio de la relatividad de Galileo y no da preferencia a los sistemas inerciales. El principio de la Relatividad General puede expresarse así: "Todos los sistemas de coordenadas son equivalentes para la formulación de las leyes de la naturaleza", o dicho de otro modo: las leyes de la naturaleza deben ser expresadas de manera que sean las mismas en todos los sistemas de coordenadas; si no fuera así no habría un consenso sobre tales leyes, pues cada observador obtendría fórmulas distintas según su estado de movimiento. Los sistemas inerciales son solo un caso particular del caso más general. Al extender la relatividad especial a sistemas en cualquier estado de movimiento aparece la curvatura del espacio-tiempo, y la gravedad queda explicada como consecuencia de esa "geometría curva". La Relatividad General se ha mostrado más exacta que la teoría de Newton. Si el principio de Relatividad General no se cumpliera en el Universo, como hemos dicho, unos observadores no se pondrían de acuerdo con otros en cuanto a sus leyes más fundamentales, y eso haría que quizá ni siquiera pudiéramos hablar de leyes universales.

www.ingramcontent.com/pod-product-compliance
Lightning Source LLC
Chambersburg PA
CBHW030957240526
45463CB00017B/2796